U0395937

人工智能机器人精品课程系列丛书

创意搭建

苏州大闹天宫机器人教育中心 编

（初级·上）

苏州大学出版社

Soochow University Press

图书在版编目（CIP）数据

创意搭建：初级. 上 / 苏州大闹天宫机器人教育中心编；孙承峰，张艳华主编. — 苏州：苏州大学出版社，2020.4

（人工智能机器人精品课程系列丛书 / 孙立宁主编）

ISBN 978-7-5672-2361-5

Ⅰ. ①创… Ⅱ. ①苏… ②孙… ③张… Ⅲ. ①智能机器人－程序设计 Ⅳ. ①TP242.6

中国版本图书馆 CIP 数据核字（2020）第 052268 号

创意搭建（初级·上）

苏州大闹天宫机器人教育中心　编

责任编辑　张　凝

助理编辑　杨　冉

苏州大学出版社出版发行

（地址：苏州市十梓街 1 号　邮编：215006）

苏州工业园区美柯乐制版印务有限责任公司印装

（地址：苏州工业园区娄葑镇东兴路 7-1 号　邮编：215021）

开本 787 mm × 1 092 mm　1/16　印张 4　字数 79 千

2020 年 4 月第 1 版　2020 年 4 月第 1 次印刷

ISBN 978-7-5672-2361-5　定价：49.90 元

编 委 会

总序

随着人工智能技术的不断发展，比尔·盖茨所预言的"智能机器人就像笔记本电脑一样进入千家万户"正在逐步成为现实。机器人与人工智能技术已成为全球化竞争的重要领域。

2017 年，中国政府发布了《新一代人工智能发展规划》，提出加快人工智能高端人才培养，建设人工智能学科，发展智能教育。2018 年，教育部提出了《高等学校人工智能创新行动计划》，从高等教育领域推动落实人工智能发展。与此同时，激发青少年一代对人工智能的学习兴趣，提升科技素养的基础教育也得到了社会普遍认同。

目前，以创意编程等为代表的青少年人工智能课程正成为学校教育和校外培训的"新宠"，但在这轮"人工智能教育热"背景下，我们必须清醒地认识到，人工智能本身是一个新兴学科，更是一个综合性学科，"编程"仅仅是人工智能技术的一个侧面，只有充分调动青少年的兴趣和潜能，从机械、电子、计算机等多学科基础能力锻炼入手，才能培养出真正适应人工智能时代发展的科技人才。

"工欲善其事，必先利其器"，为有效缓解因教育师资不足和专业教材缺失对中小学人工智能普及教育的制约，苏州大闹天宫机器人教育中心特别成立了"人工智能机器人精品课程"编委会，由机器人行业专家孙立宁教授担任主编，组织多名长期从事机器人教育的教授一同参与，精心编撰了这套"人工智能机器人精品课程系列丛书"。丛书紧贴当前国际领域青少年人工智能和机器人教育中的核心内容，将人工智能学习融入机器人拼搭、控制等内容中，并在此基础上结合现实生活应用的场景设置具体课程，针对不同年龄段学生的认知水平和理解能力，推出了初级、中级、高级三个不同阶段的教材。丛书图文并茂、深入浅出，讲解相关原理知识和解析操作方法，形成了一套完整的课程体系。

　　苏州大闹天宫机器人教育中心作为苏州大学学生校外实践基地、全国青少年电子信息科普创新教育基地、江苏省青少年特色科学工作室、苏州市科普教育基地，在多年的教育实践中不断探索和尝试，积累了丰富的经验，对青少年人工智能和机器人教育的本质、理念和人才培养需求等有着深刻理解。这套丛书通过案例与产品的结合，教会孩子们人工智能技术背后的逻辑和原理，进而让他们学会将人工智能技术更好地与生产、生活相结合。相信这套书籍的出版，不仅可以帮助学校教师练好"内功"，提升教学质量，而且也可成为家长和学生自我学习的工具。我相信这套丛书将能够为我国青少年机器人和人工智能教育做出奉献。

南京航空航天大学教授、中国科学院院士

赵淳生

2020 年 2 月

目录

CONTENTS

第一讲 天 平

牛牛和闹闹买了一袋奶粉，两人商量着怎么公平地分这袋奶粉。牛牛挠了挠脑袋，找来四只杯子，说："来吧，我们一人灌满两杯就好了。"可是，奶粉灌满三杯后，剩下的已经没有办法再装满一整杯了。牛牛很无奈，她叹了口气："有什么办法才能均分这袋奶粉呢？"妈妈看见后，笑笑说："只要有一台天平就解决问题了呀！"

同学们，你们使用过天平吗？

一、看一看

（一）什么是天平

天平是一种衡器，由支点（轴）在中心支着天平梁而形成两个臂，每个臂上挂着一个盘，其中一个盘里放已知质量的物体，另一个盘里放待测物体，固定在梁上的指针在不摆动且指向正中刻度时的偏转就表示待测物体的质量。

（二）天平的分类

天平一般分成机械天平和电子天平两大类。

机械天平经常被用于实验室，可以帮助科学家们称量物体的质量，是科学家们的好帮手。

电子天平的身体上有一个可以读出重量的显示器，还有的电子天平甚至可以报出数值。有了电子天平家族，我们就可以立刻知道物体的质量了。

二、讲一讲

（一）天平的结构

天平主要由底座、支柱、挂盘、横梁、刻度表等部分组成。

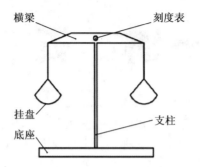

横梁　　　　　刻度表

挂盘　　　　　支柱

底座

（二）使用天平的注意点

1. 天平的横梁左右两边一定要对称，也就是臂长要相等，否则精确度不高。

2. 天平一定要放在水平的地方进行测量。

（三）天平的原理

天平能够平均分配奶粉其实遵循一个原理：等臂杠杆原理。

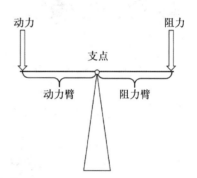

动力　　　　　阻力

支点

动力臂　　　　阻力臂

如图所示，给天平两边各施加一个力，一个称为动力，一个称为阻力，而天平的两臂，一个称为动力臂，另一个称为阻力臂。等臂杠杆原理就是：动力臂长度等于阻力臂长度时，两边的质量如果相等，天平就平衡。

数学公式即：动力 × 动力臂长度 = 阻力 × 阻力臂长度。

同学们，让我们自己动手，用积木制作一台天平吧！

三、做一做

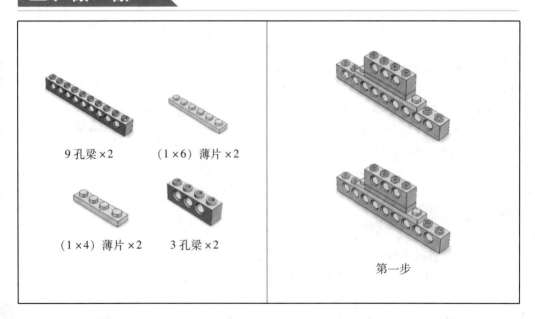

9孔梁 ×2　　　　（1×6）薄片 ×2

（1×4）薄片 ×2　　　3孔梁 ×2

第一步

15 孔连杆 ×1

长销 ×2

第二步

17 孔连杆 ×2

6 号轴 ×1

大轴套 ×2

第三步

17 孔连杆 ×1

白销 ×1

第四步

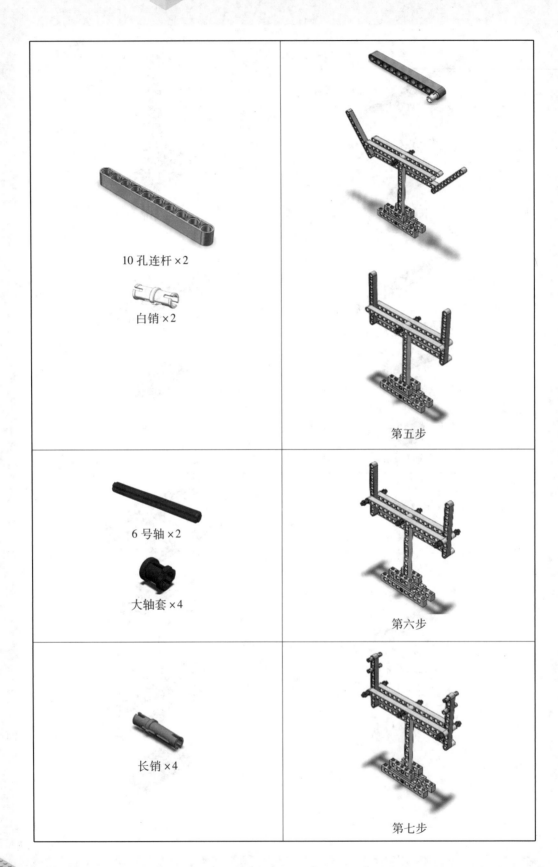

10 孔连杆 ×2

白销 ×2

第五步

6 号轴 ×2

大轴套 ×4

第六步

长销 ×4

第七步

4

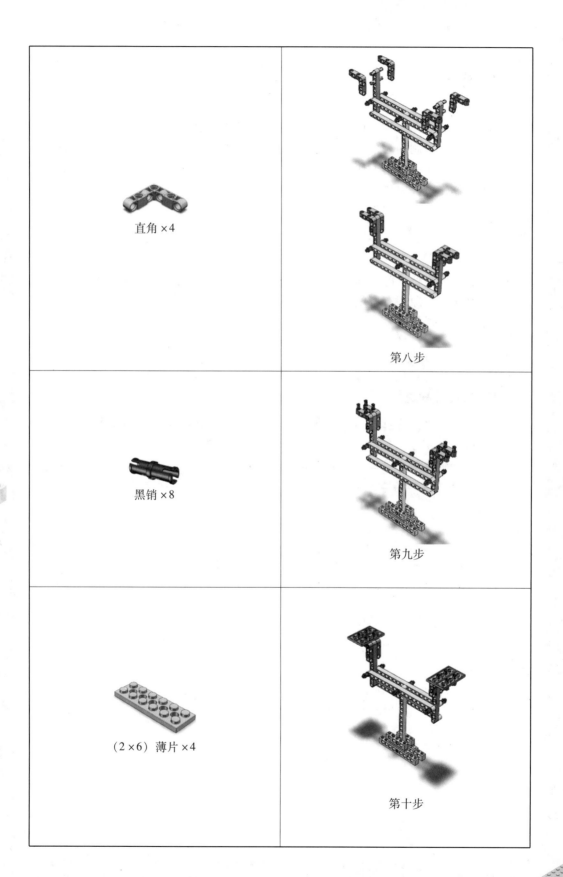

直角×4

黑销×8

（2×6）薄片×4

第八步

第九步

第十步

说一说

相信聪明的你已经完成了天平的制作，接下来和同学们一起分享这件作品吧！

1. 展示一下自制的天平，讲讲它是由哪些部分组成的，以及它是怎么工作的。
2. 告诉大家天平运用了什么杠杆。
3. 说说制作过程中遇到的困难，以及你是如何战胜困难的。

想一想

1. 当天平的力臂长度不同而两边质量相同时，如何才能得到平衡？
2. 生活中天平原理有哪些运用？
3. 如何才能增加天平的测量精度？

头脑风暴

1. 在天平制作过程中，如果将第五步中的右边白销与孔向左移2格，它还能平衡吗？
2. 如何改装才能让天平得以承受更重的物体？

第二讲　旋转木马

一天，闹闹和牛牛来到游乐场，里面的一项游乐设施吸引了他们。只见一个大转盘，上面有许多木马，随着灯光的闪烁和音乐的循环播放，木马绕着柱子上下起伏，不停地旋转。

闹闹问牛牛："牛牛，你知道那是什么吗？"

牛牛笑着回答说："这是旋转木马，要一起去坐一坐吗？"

闹闹毫不犹豫地答应了，两个小伙伴玩得不亦乐乎。下来之后，闹闹问牛牛："旋转木马真神奇，可它是怎么旋转起来的呢？"

牛牛答不上来了，这时，一旁的工作人员笑着给他俩做了解释。

一、看一看

（一）什么是旋转木马

旋转木马或回转木马是游乐场中的一种机动游戏。它的旋转大平台上有装饰成木马的座位，供游客乘坐。启动后，木马上下起伏，随大平台旋转。

（二）旋转木马的历史

第一台用蒸汽推动的旋转木马，大约出现在 1860 年的欧洲。

当时的旋转木马用蒸汽机（将蒸汽的能量转换为机械功）驱动。蒸汽机吐出的白色蒸汽弥漫四周时，朦朦胧胧，使彩色的木马仿佛在云端雾气中穿行，坐在木马上就像进入了仙境一样。

二、讲一讲

（一）旋转木马的结构

旋转木马由电机、锥齿轮组、转轴、机架等部分组成。

锥齿轮：锥齿轮两轴之间的交角等于90°（但也可以不等于90°），能够改变传动方向。

锥齿轮组：两个齿轮相互啮合构成一个齿轮组，两轮分别为主动轮和从动轮。

转轴：转轴保证各个齿轮实现定轴转动，而不会"跑偏"。

电机：与主动轴相连接，提供旋转运动，将电能转化为机械能。

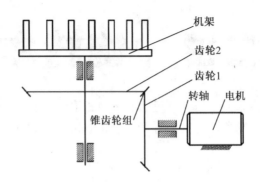

机架

齿轮2

齿轮1

转轴　电机

锥齿轮组

（二）旋转木马的工作原理

齿轮 1 固定连接于电机轴上，齿轮 2 固定连接于木马的转轴上，两根轴呈 90 度角分布，两个齿轮相互啮合。当电机转动时，通过齿轮组的传动，驱动旋转木马旋转。

同学们，让我们自己动手，用积木做一台旋转木马吧！

三、做一做

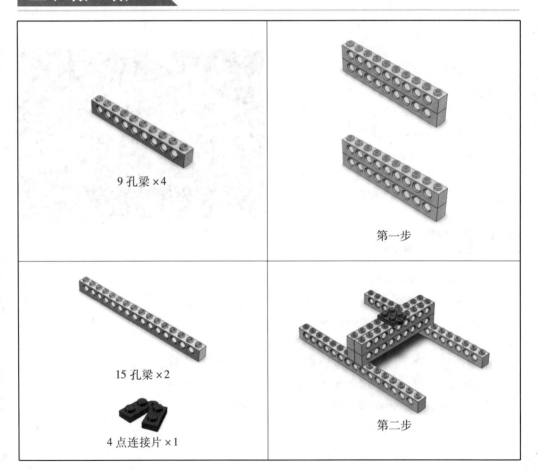

9 孔梁 ×4

第一步

15 孔梁 ×2

4 点连接片 ×1

第二步

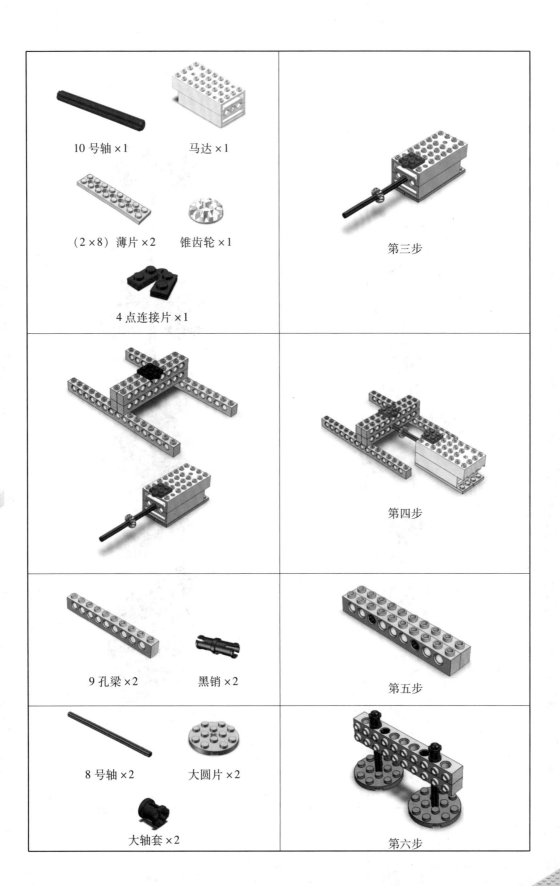

10 号轴 ×1　　马达 ×1

（2×8）薄片 ×2　　锥齿轮 ×1

4 点连接片 ×1

第三步

第四步

9 孔梁 ×2　　黑销 ×2

第五步

8 号轴 ×2　　大圆片 ×2

大轴套 ×2

第六步

12 号轴 ×1

小摇把 ×1

（2×8）薄片 ×2

大轴套 ×1

锥齿轮 ×1

第七步

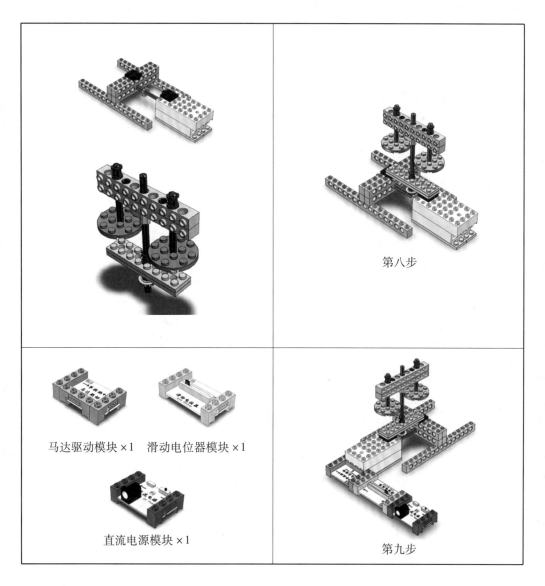

马达驱动模块 ×1   滑动电位器模块 ×1

直流电源模块 ×1

第八步

第九步

说一说

相信聪明的你已经完成了旋转木马的制作，接下来和同学们一起分享这件作品吧！

1. 展示一下自制的旋转木马，讲讲它是由哪些部分组成的，以及怎么工作的。

2. 告诉大家滑动电位器的作用是什么。

3. 说说制作过程中遇到的困难，以及你是如何战胜困难的。

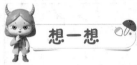想一想

1. 在不使用滑动电位器的情况下，如何改变旋转木马的速度？
2. 旋转木马如何才能反转？

头脑风暴

　　1. 如何让旋转木马变得更绚丽？
　　2. 如何让旋转木马上下起伏？

第三讲　手摇风车

放暑假了，牛牛与爸爸妈妈一起去了风车之国荷兰。他们看到了无数个旋转的风车，觉得十分新奇。牛牛问妈妈："这么多风车都是用来做什么的呢？"妈妈耐心地解释了她的疑问。

同学们，你们见过风车吗？

一、看一看

（一）什么是风车

风车，是一种不需燃料、以风作为能源的动力机械。它利用风力带动叶片旋转，再通过齿轮组（大齿轮带动小齿轮加速）增加叶片的转动速度，以此进行工作。

（二）风车发展史

有资料显示，在辽阳三道壕东汉晚期的汉墓壁画上有风车的图样，说明我国是最早使用风车的国家。而最早发明风车的是德国人。把风车做到极致的是荷兰人。1229年，荷兰人组装成第一台为人们提供动力的大型风车，提高了磨坊工业的能力。到了16、17世纪，各种有工业加工的地方都已使用到风车。18世纪，荷兰风车数量达18 000座之多。19世纪后，随着蒸汽机和内燃机车以及电力的使用，风车逐渐被取代。随着科学技术的发展，风力资源作为新的可再生能源得到重视，使得风车被重新建造用于发电。

二、讲一讲

（一）风车的结构

风车由扇叶、齿轮组、支架、底座等部件构成。

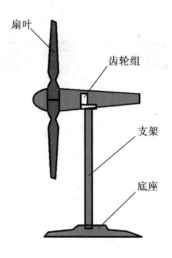

扇叶
齿轮组
支架
底座

（二）风车的工作原理

大齿轮轴与摇把固定连接，并与支架转动连接。在大齿轮下方放置两个小齿轮，两个小齿轮轴也与支架转动连接，三个齿轮依次啮合。最上方的齿轮轴与风车扇叶固定连接。当摇动摇把时，摇把带动大齿轮旋转，通过齿轮啮合传动，最上方的齿轮也发生转动，从而使风车的扇叶旋转起来。

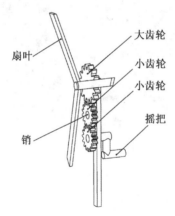

扇叶
大齿轮
小齿轮
小齿轮
摇把
销

（三）齿轮传动比

传动比是机构中两转动构件转速的比值。在数值上，传动比＝主动轮转速与从动轮转速的比值＝从动轮与主动轮齿数比。

如果主动轮的齿数大于从动轮的齿数，那么，这个齿轮机构就是一个加速机构；如果主动轮的齿数小于从动轮的齿数，那么，这个齿轮机构就是一个减速机构；主动轮的齿数与从动轮的齿数如果相等，那么，这个机构就是等速机构。

同学们，让我们自己动手，用积木做一台风车吧！

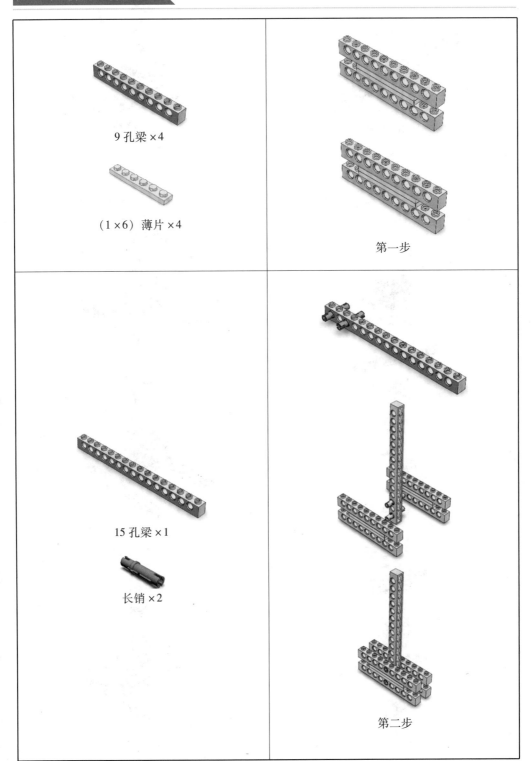

9 孔梁 ×4

（1×6）薄片 ×4

第一步

15 孔梁 ×1

长销 ×2

第二步

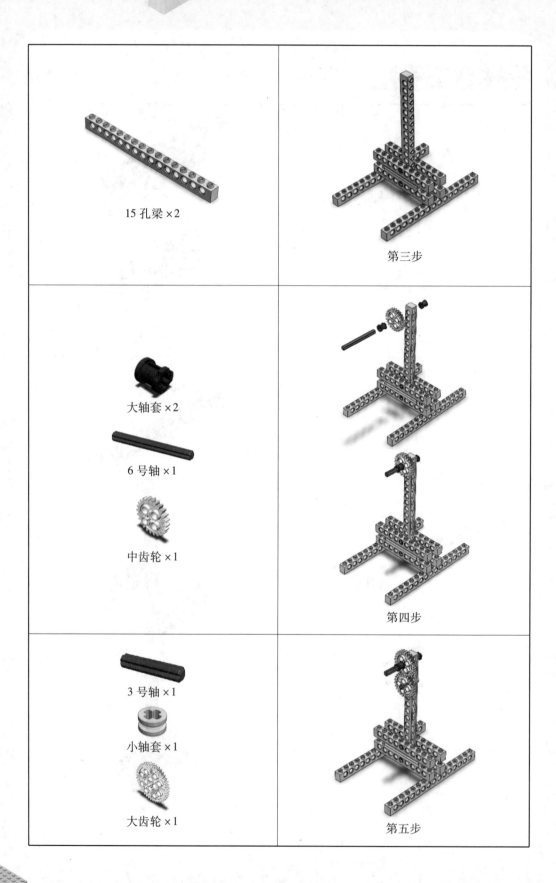

15 孔梁 ×2

第三步

大轴套 ×2

6 号轴 ×1

中齿轮 ×1

第四步

3 号轴 ×1

小轴套 ×1

大齿轮 ×1

第五步

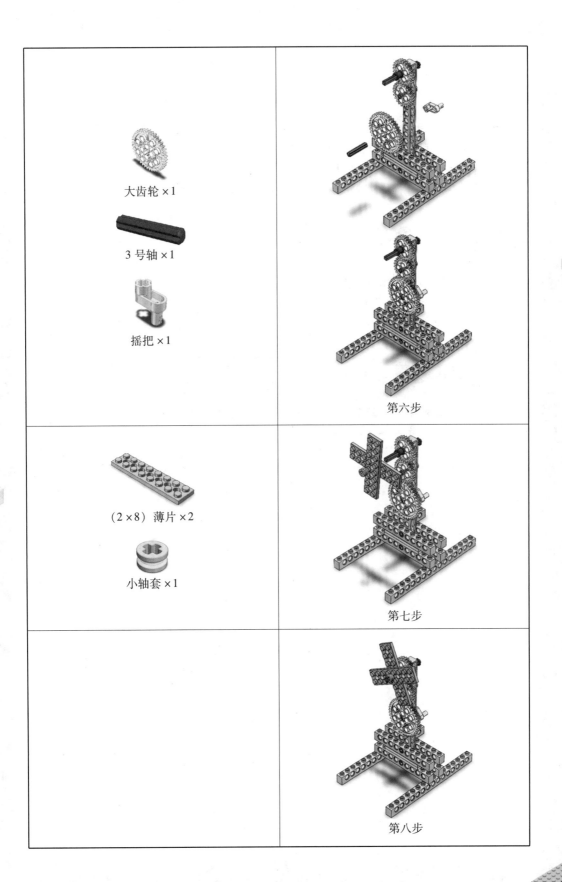

大齿轮 ×1

3 号轴 ×1

摇把 ×1

第六步

(2×8) 薄片 ×2

小轴套 ×1

第七步

第八步

说一说

相信聪明的你已经完成了风车的制作，接下来和同学们一起分享这件作品吧！

1. 展示一下自制的风车，讲讲它是怎么工作的。
2. 告诉大家齿轮传动的原理。
3. 说说在制作过程中遇到的困难，以及你是如何战胜困难的。

想一想

1. 风力发电的原理是什么？
2. 风是如何带动风车扇叶转动的？

头脑风暴

1. 能否根据风车的原理制作一个风力发电机？
2. 能否制作一个可以移动的风车？

第四讲　升降台

闹闹去牛牛家玩，看见牛牛的爸爸正站在一个架子上。这个架子在牛牛爸爸的操控下逐渐升高，直至他能够达到阳台上护栏的高度。

闹闹吃惊地张大了嘴巴，问牛牛："那是什么呀？"

牛牛得意地挺起了胸膛："那叫升降台！"

闹闹疑惑地问道："它是怎么做到逐渐升高的呢？"

牛牛一下子被问倒了。这时，牛牛爸爸从架子上下来，笑着做了解释。

一、看一看

（一）什么是升降台

升降台是一种垂直运送人或物的起重机械，也指工厂中进行垂直输送的设备。它也可以用于高空安装、维修等作业。升降台具有自由升降的特点。

（二）几种常见的升降台

剪叉式升降台　　　　　伸缩式升降台　　　　　导轨式升降台

二、讲一讲

（一）剪叉式升降台的结构

剪叉式升降台主要由平台、连杆机构、滚轮、铰链、底座等部件组成。

（二）升降台的工作原理

平行四边形连杆机构底部的一端与底座转动连接，另一端通过滚轮与底座接触，顶部一端与平台转动连接，另一端与平台滑动连接。通过滚轮的移动，改变平行四边形的结构，从而实现平台升降。

（三）齿轮齿条的工作原理

齿轮齿条的工作，是将齿轮的回转运动

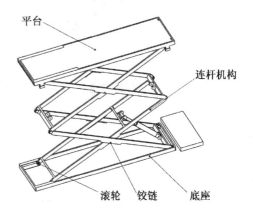

转变为齿条的往复直线运动，或将齿条的往复直线
运动转变为齿轮的回转运动。

　　同学们，让我们自己动手，用积木做一个升降
台吧！

三、做一做

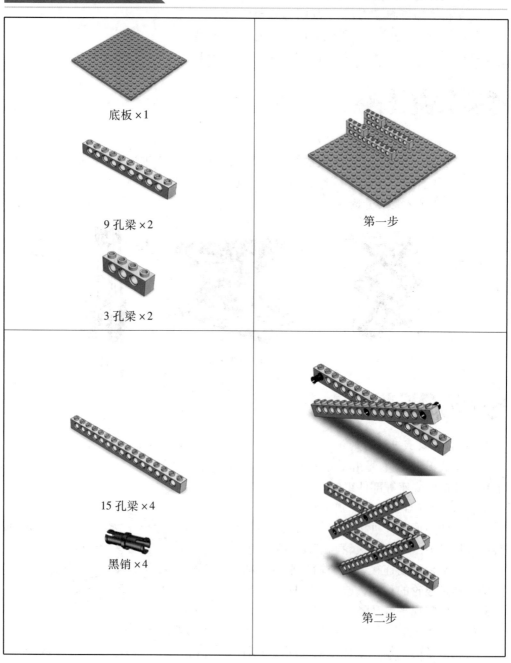

底板 ×1

9 孔梁 ×2

3 孔梁 ×2

第一步

15 孔梁 ×4

黑销 ×4

第二步

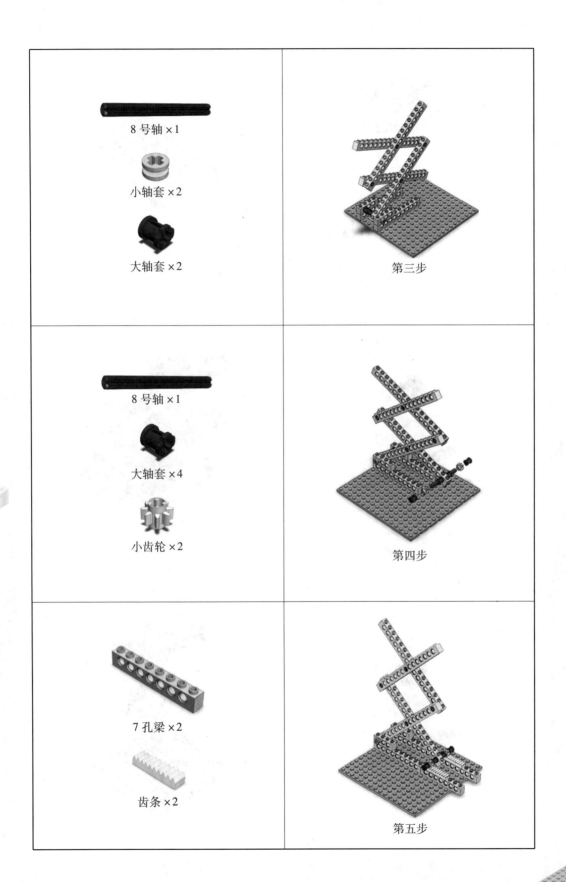

8 号轴 ×1

小轴套 ×2

大轴套 ×2

第三步

8 号轴 ×1

大轴套 ×4

小齿轮 ×2

第四步

7 孔梁 ×2

齿条 ×2

第五步

（8×12）小底板 ×1

9 孔梁 ×2　　　　3 孔梁 ×2

第六步

大轴套 ×4

10 号轴 ×1

第七步

大轴套 ×4

10 号轴 ×1

第八步

说一说

相信聪明的你已经完成了升降台的制作，接下来和同学们一起分享这件作品吧！

1. 展示一下自制的升降机，讲讲它是怎么工作的。
2. 告诉大家齿轮齿条结构的作用。
3. 说说制作过程中遇到的困难，以及你是如何战胜困难的。

想一想

1. 哪些结构可以将旋转运动转化为直线运动？
2. 什么结构具有稳定性？
3. 平行四边形结构在生活中还有哪些应用？

1. 如何才能让升降台升得更高？
2. 能否制作一个可以移动的升降机？

第五讲　户外广告牌

"五一"假期到了，牛牛和闹闹很想外出旅行，却不知道去哪里玩。他们看到马路上竖着一个广告牌——来嬉戏谷，穿越奇幻世界！顿时，两人就被图片上刺激的过山车吸引了，他们当即决定，去嬉戏谷玩！

同学们，这就是广告的作用，能够激发消费者的心理需要，触发消费者对品牌的好感，促使大家去消费。

一、看一看

（一）什么是户外广告

户外广告是指利用公共或自有场地的建筑物、空间、交通工具等设置、悬挂、张贴的广告。

（二）户外广告的历史

户外广告可能是最早的广告形式之一，最初就是在房屋外墙的显眼处贴上一些抢眼的标志。考古学者就曾在古代罗马和庞贝古城的废墟中发现了不少这样的标记。

此后几千年里，虽然印刷、广播、电视、互联网等不断发展，使广告形式日益多样化，但户外广告自始至终都是建立品牌和传递市场信息的重要手段。

二、讲一讲

（一）户外广告牌的结构

户外广告牌主要由电机、齿轮组、轴、广告牌等部件组成。

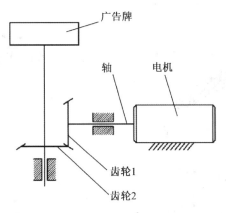

（二）户外广告牌的工作原理

电机与齿轮1轴固定连接，齿轮1与齿轮2相互啮合，齿轮2轴与广告牌固定连接。电机旋转带动齿轮1旋转，齿轮2在齿轮1啮合下旋转，广告牌随之旋转。

（三）什么是语音播报模块

语音播报模块，是可以用来播放存储声音的语音模块，如音乐、广播、朗诵等。

同学们，让我们自己来动手，用积木制作一个户外广告牌吧！

三、做一做

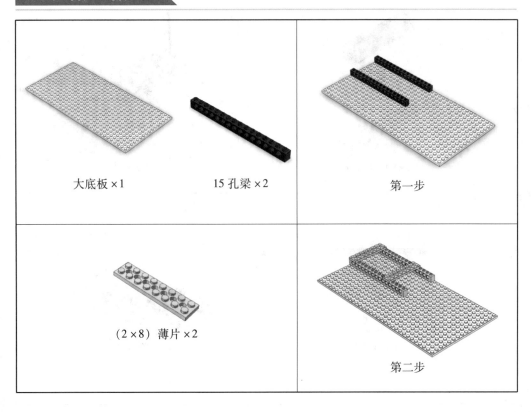

大底板×1　　　　15 孔梁×2	第一步
（2×8）薄片×2	第二步

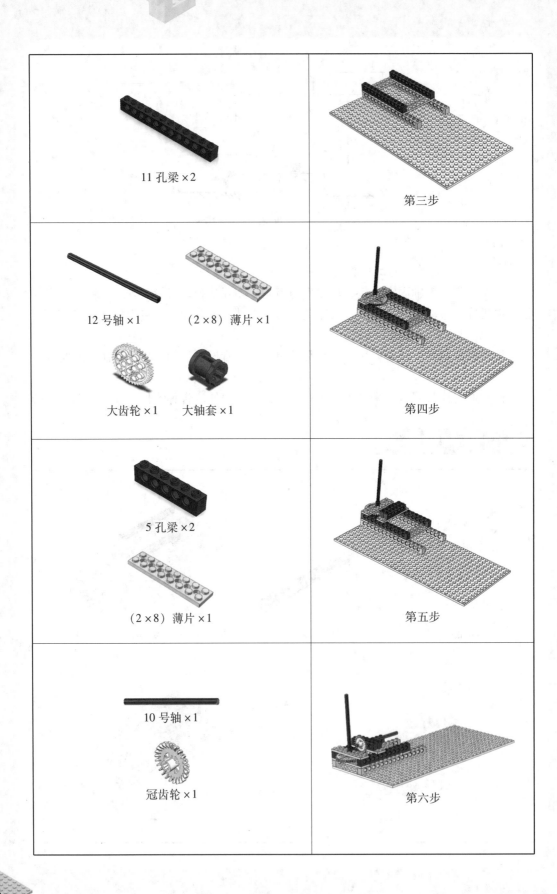

11 孔梁 ×2

第三步

12 号轴 ×1　　　（2×8）薄片 ×1

大齿轮 ×1　　　大轴套 ×1

第四步

5 孔梁 ×2

（2×8）薄片 ×1

第五步

10 号轴 ×1

冠齿轮 ×1

第六步

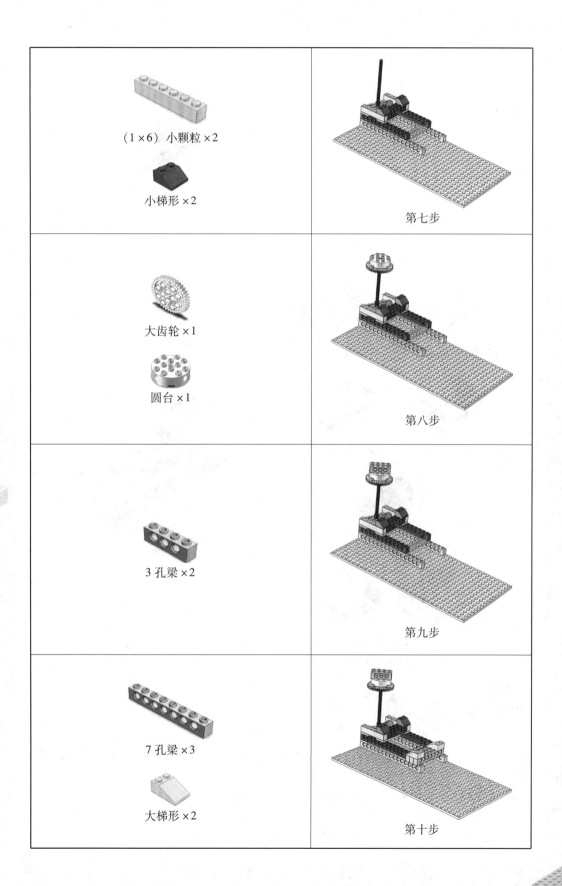

（1×6）小颗粒 ×2

小梯形 ×2

第七步

大齿轮 ×1

圆台 ×1

第八步

3 孔梁 ×2

第九步

7 孔梁 ×3

大梯形 ×2

第十步

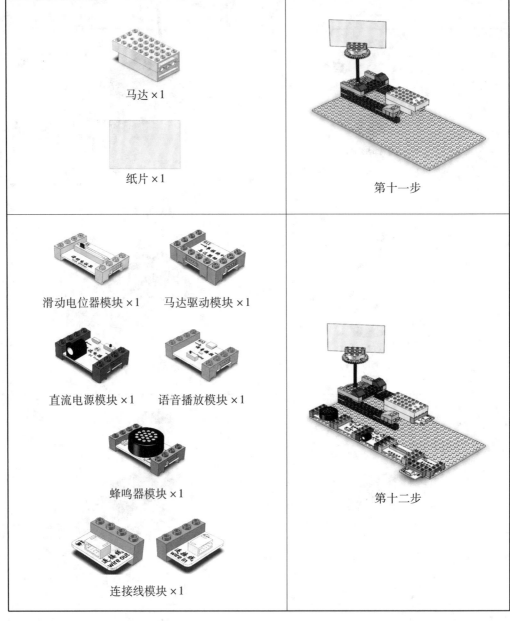

马达 ×1

纸片 ×1

第十一步

滑动电位器模块 ×1

马达驱动模块 ×1

直流电源模块 ×1

语音播放模块 ×1

蜂鸣器模块 ×1

第十二步

连接线模块 ×1

说一说

相信聪明的你已经完成户外广告牌的制作，接下来和同学们一起分享这件作品吧！

1. 展示一下自制的广告牌，讲讲它是怎么工作的。
2. 告诉大家齿轮组的作用。
3. 说说在制作过程中遇到的困难，以及你是如何战胜困难的。

1. 如何让广告牌转得更快或者更慢，这和电机有没有关系？
2. 如何改变语音播报的内容？

1. 改装一下广告牌，使它变得更绚丽、更具有吸引力。
2. 怎样才能让广告牌同时展示多则广告？

第六讲　电动栏杆

周末，妈妈开车带着牛牛去超市，当车进入停车场时，门口的栏杆就缓缓向上抬起来了，当车进入后，栏杆又会慢慢地落下，牛牛觉得十分神奇。

同学们，你们是否也曾有过和牛牛一样的经历？你们见过可以起落的栏杆吗？

一、看一看

电动栏杆是通道入口处专门用于限制机动车行驶的管理设备，广泛应用于公路收费站、停车场、小区、企事业单位门口，以便管理车辆的出入。电动栏杆通过无线遥控可以进行起落操作。当停电时，通过手动控制，由专用工具启落道闸。

二、讲一讲

（一）电动栏杆的结构

电动栏杆主要由电机、齿轮组、栏杆等部分组成。

（二）电动栏杆的原理

电机轴与齿轮1同轴，形成固定连接；齿轮2的齿轮轴与栏杆成90度角，固定连接在栏杆上。齿轮1与齿轮2形成啮合关系。当电机转动时，齿轮1随之一起转动，通过齿轮啮合传动，齿轮2也开始转动，并带动栏杆轴同时向上转动，使栏杆抬起，当电机反转时栏杆落下。

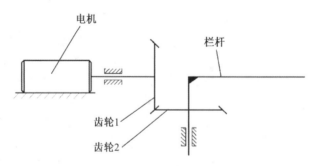

同学们，让我们自己动手，用积木制作一个电动栏杆吧！

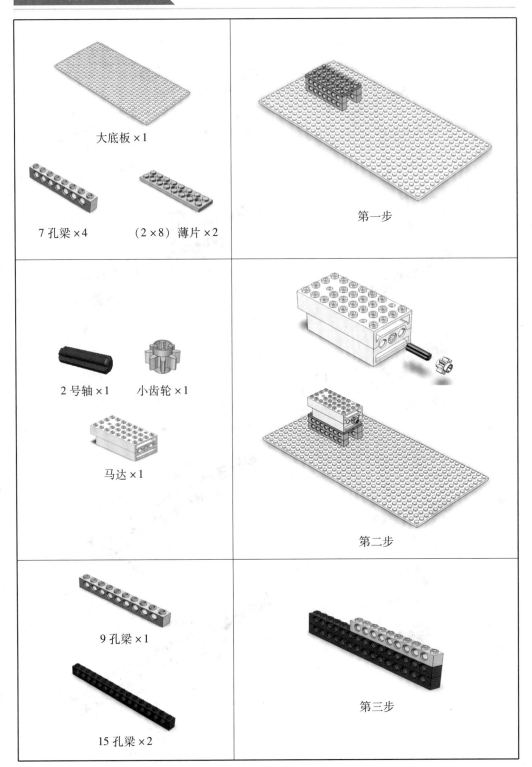

大底板 ×1

7 孔梁 ×4   （2×8）薄片 ×2

第一步

2 号轴 ×1   小齿轮 ×1

马达 ×1

第二步

9 孔梁 ×1

15 孔梁 ×2

第三步

摇杆 ×2

17 孔杆 ×2

冠齿轮 ×1

6 号轴 ×1

9 孔梁 ×2

第四步

4 号轴 ×1

小轴套 ×2

大轴套 ×1

第五步

第六步

4 点连接片 ×2

7 孔梁 ×1

第七步

3 孔梁 ×1

（2×4）大颗粒 ×2

第八步

连接线模块 ×1

直流电源模块 ×1

信号使能模块 ×1

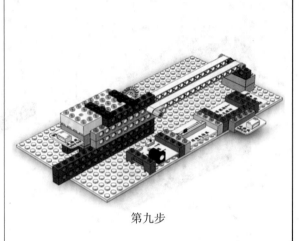

第九步

滑动电位器模块 ×1

马达驱动模块 ×1

说一说

相信聪明的你已经完成了电动栏杆的制作，接下来和同学们一起分享这件作品吧！

1. 展示一下自制的电动栏杆，讲讲它是怎么工作的。

2. 电动栏杆有哪些应用？

3. 说说在制作过程中遇到的困难，以及你是如何战胜困难的。

想一想

1. 如何控制栏杆才能使它在检测到有汽车要进入道闸时自动打开与关闭？

2. 自制的电动栏杆是杠杆吗？是的话，是什么杠杆呢？

头脑风暴

1. 制作一根可以折叠的栏杆。

2. 设计一根水平对开式的栏杆。

第七讲 小桌子

闹闹到牛牛家里玩，看到牛牛爸爸给她买了一张新的写字桌，不禁感叹："牛牛，你家的桌子也太多了吧！"牛牛说："有吗？让我们来数一数吧。"闹闹向四周看了看：茶几、餐桌、吧台、电脑桌、写字台……各种桌子形态各异，不一而足。

同学们，你们也见过很多种桌子吧，它们都有什么特点呢？

一、看一看

（一）桌子的特点

桌子是一种常用家具，由桌面和桌腿构成。人们可以在上面放东西、做事情，如吃饭、写字、看书等。

（二）桌子的分类

桌子的类型丰富多样，按需求可以分为办公桌、餐桌、课桌等。

二、讲一讲

（一）为什么大部分桌子都是四条腿

因为四条腿的桌子与地面有 4 个接触点，形成四边形的支撑面，面积最大，结构最稳定。

（二）三角形的稳定原理

三角形三条边长确定后，内角也就确定了，是唯一的，无法改变的。其他多边形，内角还能改变，所以说三角形具有稳定性。

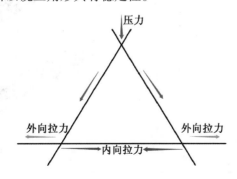

同学们，让我们自己动手，用积木制作一张小桌子吧！

三、做一做

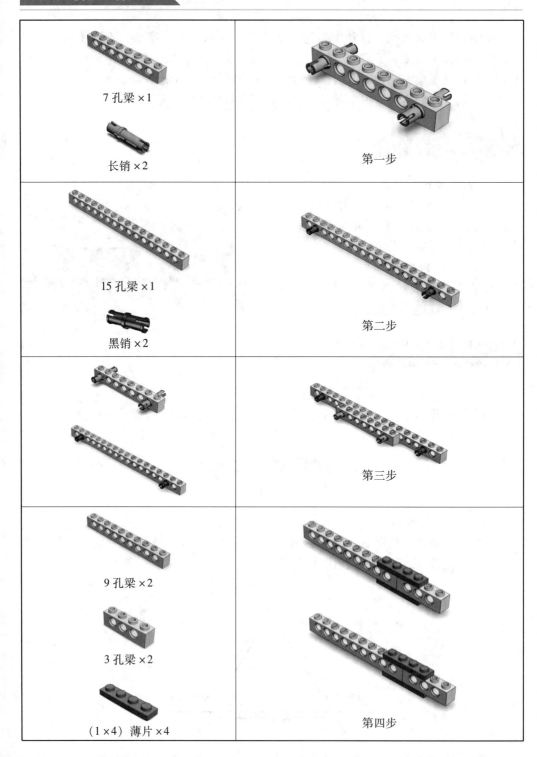

7 孔梁 ×1

长销 ×2

第一步

15 孔梁 ×1

黑销 ×2

第二步

第三步

9 孔梁 ×2

3 孔梁 ×2

（1×4）薄片 ×4

第四步

第五步

9孔连杆 ×2

黑销 ×2

第六步

（2×8）薄片 ×4

第七步

（1×6）薄片 ×4

第八步

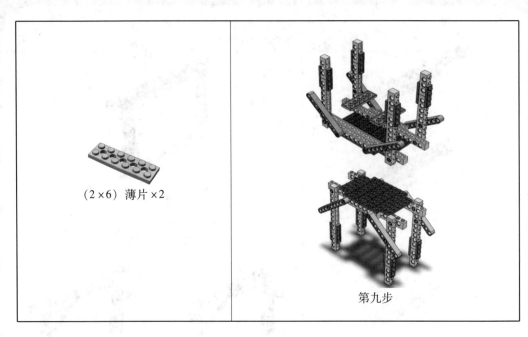

（2×6）薄片 ×2

第九步

  说一说

相信聪明的你已经完成了小桌子的制作，接下来和同学们一起分享这件作品吧！

1. 展示一下自制的小桌子，讲讲它的结构。
2. 告诉大家为什么有四条腿的桌子更稳定。
3. 说说在制作过程中遇到的困难，以及你是如何战胜困难的。

想一想

1. 为什么桌腿大多与桌面垂直？
2. 如果桌子不稳定应该怎么解决？
3. 为什么要装互锁结构？作用是什么？

 **头脑风暴**

1. 利用现有器材将桌子改装成可移动的桌子。
2. 利用现有器材将桌子改装成可折叠的桌子。

第八讲 打蛋器

早晨，妈妈给闹闹做早餐，决定摊一个鸡蛋饼。只见妈妈把鸡蛋打在碗里，用筷子不停地搅拌，让蛋清与蛋黄混合在一起，再加入面粉和匀，撒上葱花、盐，倒入锅中。用筷子搅拌鸡蛋很花时间，也很费劲，闹闹不禁问道："妈妈，你搅拌的时候手不累吗？"

同学们，你们能帮闹闹出个主意，让妈妈在打鸡蛋的时候更轻松一点吗？

其实，使用打蛋器就可以解决这个问题。

一、看一看

（一）什么是打蛋器

打蛋器，是一种将蛋清和蛋黄打散，然后充分融合成蛋液的工具。

（二）打蛋器有哪些种类

家庭常用的打蛋器分为手动打蛋器、电动打蛋器两种。高级的打蛋器还可以揉面，其实就是搅拌器。

二、讲一讲

（一）电动打蛋器的结构

电动打蛋器由机身、齿轮组、搅拌棒等部件组成。

（二）电动打蛋器的原理

电机与大齿轮轴固定连接，大齿轮与小齿轮相互啮合，小齿轮轴与搅拌棒连接。电机旋转带动大齿轮旋转，小齿轮在大齿轮啮合下旋转，搅拌棒跟着旋转。

（三）齿轮加速原理

大齿轮作主动轮，小齿轮作从动轮，可以带动齿轮加速。

同学们，让我们自己动手，用积木制作一个打蛋器吧！

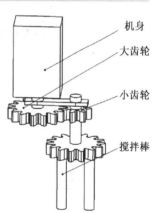

机身
大齿轮
小齿轮
搅拌棒

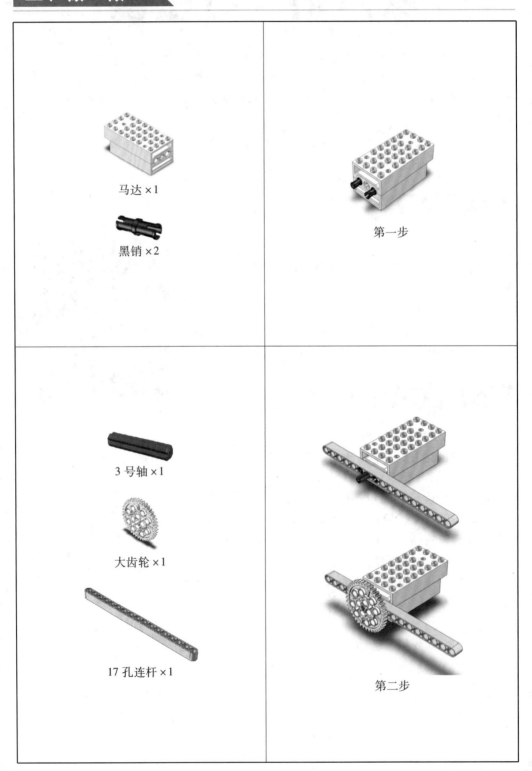

马达×1

黑销×2

第一步

3 号轴×1

大齿轮×1

17 孔连杆×1

第二步

大齿轮 ×1　　小齿轮 ×1

8 号轴 ×3　　大轴套 ×5

直角 ×2

黑销 ×4

第三步

第四步

第五步

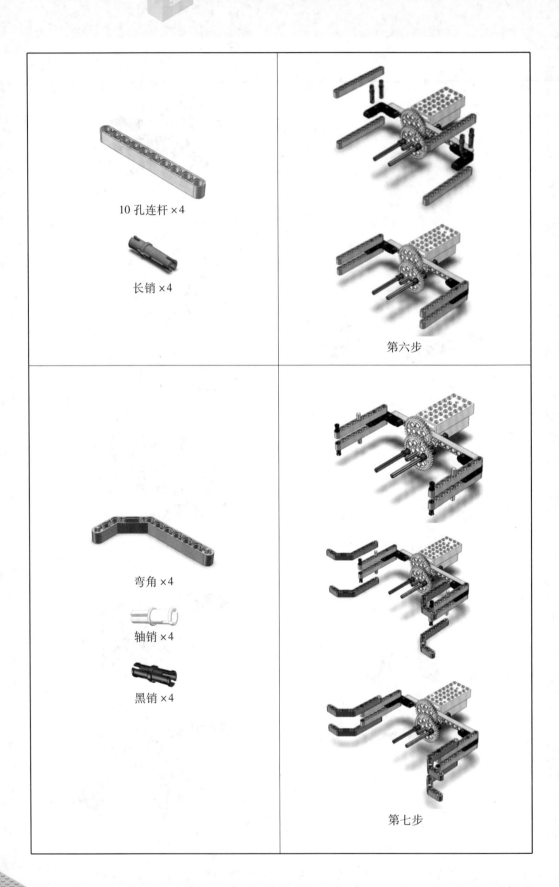

10 孔连杆 ×4

长销 ×4

第六步

弯角 ×4

轴销 ×4

黑销 ×4

第七步

连接线模块×1

直流电源模块×1

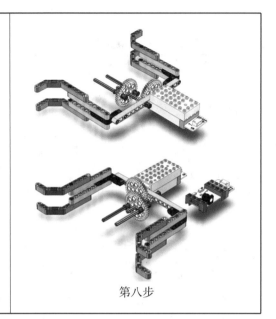

第八步

说一说

相信聪明的你已经完成了打蛋器的制作，接下来和同学们一起分享这件作品吧！

1. 展示一下自制的打蛋器，讲讲它是怎么工作的。

2. 告诉大家齿轮组的作用是什么。

3. 说说在制作过程中遇到的困难，以及你是如何战胜困难的。

想一想

1. 如何让蛋打得更快更均匀？

2. 为什么常见的打蛋器搅拌棒是笼状的？

头脑风暴

1. 怎样减缓打蛋器的速度呢？

2. 打蛋器的结构还可以用在哪些场合？

第九讲　神奇的滑板车

晚餐过后，妈妈带闹闹去广场上散步，看到牛牛从远处滑着滑板车过来了。闹闹问："牛牛，你这是什么新玩具！好酷哦！"牛牛说："这是我的滑板车，它可好玩儿了，可以让我走得更快呢！你现在就追不上我啦。"说着，牛牛一脚滑了出去，一溜烟就走得好远了。闹闹心里痒痒极了，也想要一辆。

同学们，你们可以帮闹闹做一辆滑板车吗？

一、看一看

（一）什么是滑板车

滑板车是一种代步工具。滑行时，一只脚站在踏板上，另一只脚来回踩踏地面，利用身体的重量，使之向前滑行。滑板车作为短途交通工具，不仅可以代步，还可以有效提高使用者的平衡能力，增强其灵敏度和协调性，起到锻炼身体的作用。

（二）滑板车的起源

1993 年，一位名叫西格哈特萨卡的德国工程师为解决自己的交通困扰，在一块铝片上安了两个车轮和一个有伸缩性能的金属扶手，做成滑板车。每天，他都踩着这辆车去赶火车上班。不久，一位投资人找上门来，表示乐意投资这项"伟大的发明"，让它进入市场。数年后，滑板车风靡全世界。

二、讲一讲

（一）滑板车的结构

滑板车的结构，从上至下依次为：手柄、车把、前轮、踏板、后轮、刹车。有的滑板车还带有可调节旋钮，可以折叠手提。后轮盖脚踏刹车和安全脚架方便停车。

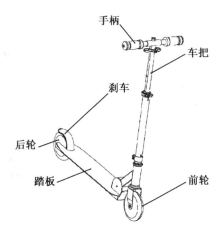

手柄

车把

刹车

后轮

踏板

前轮

（二）两轮滑板车的刹车原理

两轮滑板车的后轮装有可活动的刹车片，脚踩下去时，刹车片与轮胎之间的摩擦力使得轮胎不再转动，从而停下。

同学们，让我们自己动手，用积木制作一辆滑板车吧！

三、做一做

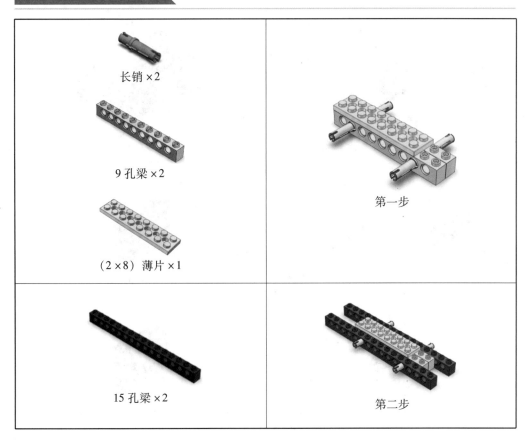

长销×2

9孔梁×2

（2×8）薄片×1

第一步

15孔梁×2

第二步

15 孔连杆 ×2	第三步
（2×4）薄片 ×2	第四步
10 号轴 ×2	第五步
轮胎 ×4	第六步
3 孔梁 ×2　　（1×4）薄片 ×2	第七步
黑销 ×4	第八步

17 孔连杆 ×2

第九步

15 孔连杆 ×2

黑销 ×4

第十步

第十一步

(2×4) 颗粒 ×2

(2×4) 薄片 ×2

第十二步

相信聪明的你已经完成了滑板车的制作，接下来和同学们一起分享这件作品吧！

1. 展示一下自制的滑板车，讲讲它是怎么工作的。
2. 告诉大家滑板车靠什么刹车。
3. 说说在制作过程中遇到的困难，以及你是如何战胜困难的。

1. 滑板车在行驶过程中如何才能更好地保持平衡？
2. 影响滑板车速度的因素有哪些？

1. 改装一辆可以折叠的滑板车。
2. 给滑板车装一个刹车。

第十讲 声控小车

逛超市的时候，闹闹看见玩具区有很多包装精美的小汽车，就想让爸爸买一辆。爸爸说："现成的小车不稀奇，自己组装才好玩呢！"闹闹一听，更加心动了。于是，他跟爸爸一起搜集零部件，决定自己做一辆小车。

一、看一看

（一）汽车发展史

1769 年，法国人居纽制造了世界上第一辆蒸汽驱动的三轮汽车。1885 年，德国工程师卡尔·本茨发明了一辆装有汽油机的三轮车。1886 年 10 月，这辆三轮机动车获得专利，成为世界上第一辆现代汽车。1885 年，德国人哥特里布·戴姆勒制造出了第一辆四轮汽车。本茨和戴姆勒以内燃机为动力，被世人尊称为"汽车之父"。1896 年，亨利·福特试制出第一辆汽车。1914 年第一次世界大战爆发，各国逐渐认识到了汽车的重要性。尤其是载货汽车的发展，使汽车类型趋于多样化。第二次世界大战后，世界进入汽车时代。此后，汽车无论是在外形、性能还是颜色上，都有了快速的发展。

（二）汽车的类型

常见的汽车主要有轿车、运动型多用途汽车（suv）、多用途汽车（mpv）、皮卡车、跑车等。

二、讲一讲

（一）声控小车的构造

声控小车由电机、底盘、车轮、齿轮组等部分组成。

（二）声控装置是什么

声控装置是利用声音识别技术来控制或操作电气设备的装置。近几年，声音识别技术有了很大的进步，已经可以辨别很多种类的声音。

同学们，让我们自己动手，用积木制作一辆声控小车吧！

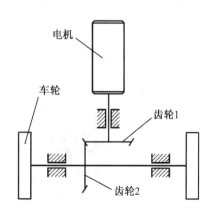

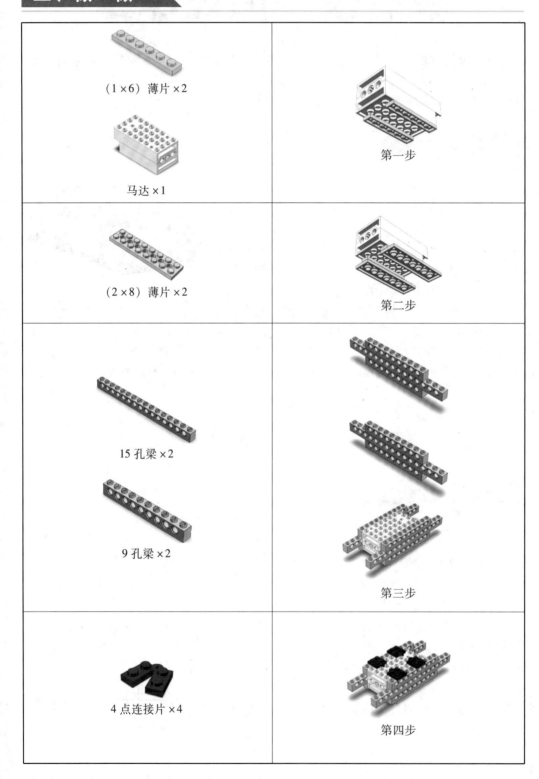

（1×6）薄片 ×2

马达 ×1

第一步

（2×8）薄片 ×2

第二步

15 孔梁 ×2

9 孔梁 ×2

第三步

4 点连接片 ×4

第四步

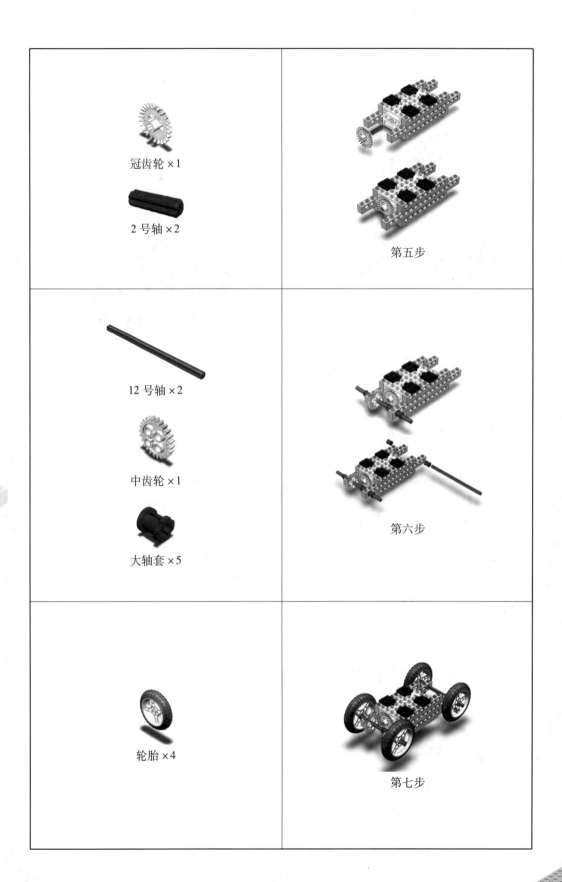

冠齿轮 ×1

2 号轴 ×2

第五步

12 号轴 ×2

中齿轮 ×1

大轴套 ×5

第六步

轮胎 ×4

第七步

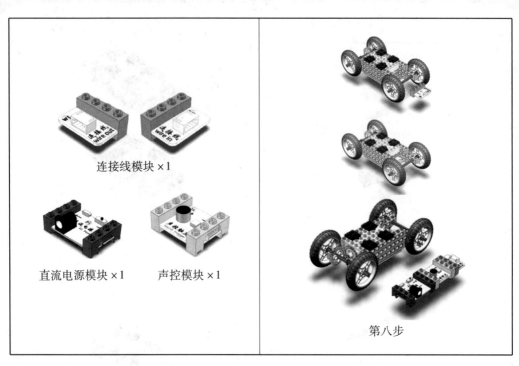

连接线模块 ×1

直流电源模块 ×1   声控模块 ×1

第八步

说一说

相信聪明的你已经完成了声控小车的制作，接下来和同学们一起分享这件作品吧！

1. 展示一下自制的声控小车，讲讲它是怎么工作的。

2. 告诉大家声控的原理。

3. 说说在制作过程中遇到的困难，以及你是如何战胜困难的。

想一想

1. 自制小车是前驱车还是后驱车？

2. 小车是如何实现转向的？

头脑风暴

1. 如何改变声控小车的行驶速度？

2. 搭建一个小车外壳，让声控小车看起来更真实。

扫一扫，点关注，回复"创意搭建"，查看参考答案　　　　　　免费线上课程